全国中等职业技术学校电子类专业

数字逻辑电路（第四版）习题册

中国劳动社会保障出版社

图书在版编目(CIP)数据

数字逻辑电路（第四版）习题册/朱春萍主编. —北京：中国劳动社会保障出版社，2017

全国中等职业技术学校电子类专业

ISBN 978 - 7 - 5167 - 3096 - 6

Ⅰ. ①数… Ⅱ. ①朱… Ⅲ. ①数字电路-逻辑电路-中等专业学校-习题集 Ⅳ. ①TN79 - 44

中国版本图书馆 CIP 数据核字(2017)第 165430 号

中国劳动社会保障出版社出版发行

（北京市惠新东街 1 号　邮政编码：100029）

*

北京昌联印刷有限公司印刷装订　　新华书店经销

787 毫米 ×1092 毫米　16 开本　2.75 印张　65 千字

2017 年 7 月第 1 版　　2025 年 7 月第 9 次印刷

定价：6.00 元

营销中心电话：400-606-6496

出版社网址：http://www.class.com.cn

http://jg.class.com.cn

目　　录

第一章　逻辑门电路

§1—1　基本门电路

一、填空题

1. 当且仅当决定某件事情的各个条件全部都具备时，这件事情才能发生，这件事情和各个条件之间的关系称为__________关系，逻辑式为____________。

2. 当决定某件事情的各个条件中，只要具备一个或几个时，这件事情就能发生，这件事情和各个条件的关系称为__________关系，逻辑式为____________。

3. 决定某件事情的条件只有一个，事情发生总是和条件呈相反状态，这件事情和这个条件的关系称为__________关系，逻辑式为____________。

4. 逻辑代数最基本的运算为_______、_______和_______。

二、选择题

1. 能实现“有 0 出 0，全 1 出 1”逻辑功能的是（　　）。

A. 与门　　B. 或门　　C. 非门　　D. 或非门

2. 符合表 1—1—1 真值表的门电路是（　　）。

A. 与非门　　B. 非门　　C. 或门　　D. 与门

表 1—1—1

A	B	Y
0	0	0
0	1	1
1	0	1
1	1	1

3. 真值表 1—1—2 所表示的逻辑函数表达式为（　　）。

A. $Y=\overline{AB}$　　B. $Y=\overline{A+B}$

C. $Y=A+B$　　D. $Y=AB$

表 1—1—2

A	B	Y
0	0	0
0	1	0
1	0	0
1	1	1

三、综合题

1. 图 1—1—1 所示为各门电路的输入波形，试画出各门电路的输出波形。

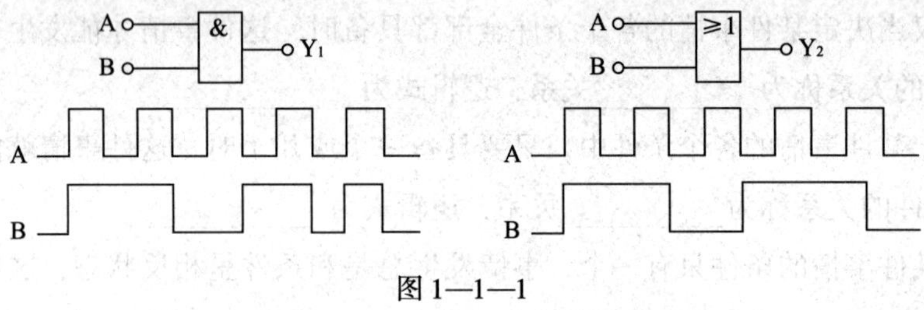

图 1—1—1

2. 已知某逻辑电路的输入输出波形如图 1—1—2 所示，试写出它的真值表和逻辑函数式。

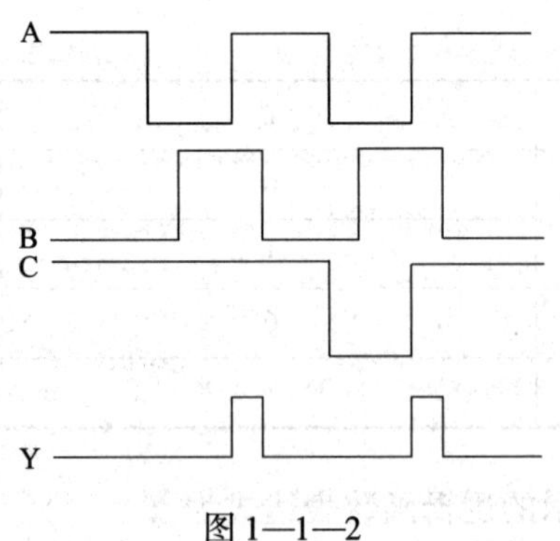

图 1—1—2

§1—2　复合门电路

一、填空题

1. 真值表是将____________________和____________________组成的表格。

2. 异或逻辑关系是指在________相同时没有输出，而不同时一定有输出，实现这种逻辑关系的电路称为________。

3. 在使用多个 OC 门时，可将它们______联使用，共用一个__________，这时电路起到_____逻辑关系。在实际应用中，OC 门不仅可实现___逻辑，而且可实现_______的转换。

4. 三态门的输出端可以输出______、_________和_________三种状态。

二、选择题

1. 满足图 1—2—1 所示输入输出关系的门电路是（　　）。

A. 与门　　B. 或门

C. 与非门　　D. 或非门

2. 多个门的输出端可以无条件连接在一起的是（　　）。

A. 三态门　　B. OC 门

C. TTL 与非门

3. 能实现"有 0 出 1，全 1 出 0"逻辑功能的是（　　）。

A. 与门　　B. 或门

C. 与非门　　D. 或非门

4. 符合表 1—2—1 所示真值表的门电路是（　　）。

A. 与非门　　B. 或非门

C. 同或门　　D. 异或门

A
B
Y

图 1—2—1

表 1—2—1

A	B	Y
0	0	0
0	1	1
1	0	0
1	1	1

5. 真值表 1—2—2 所表示的逻辑函数表达式为（　　）。

A. $Y=\overline{AB}$　　　　B. $Y=\overline{A+B}$

C. $Y=A+B$　　　　D. $Y=AB$

表 1—2—2

A	B	Y
0	0	1
0	1	0
1	0	0
1	1	0

三、综合题

1. 根据图 1—2—2 所示三端输入门电路输入端 A、B、C 的电压波形，分别画出三端输入与非门电路输出端 Y 的电压波形和三端输入或非门输出端 Y′的电压波形。

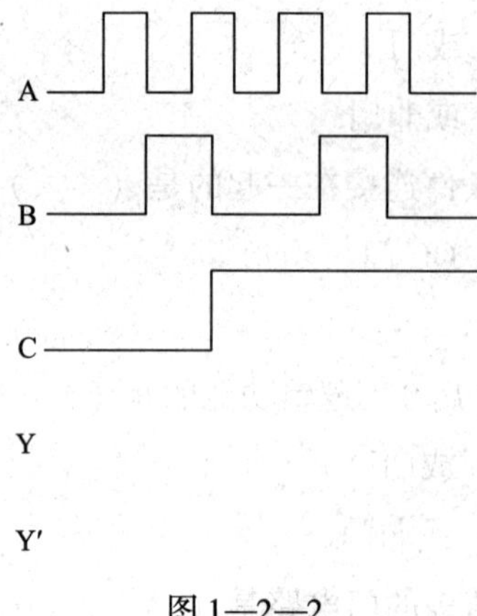

图 1—2—2

2. 根据图 1—2—3 所示的波形列出真值表，写出 Y_1、Y_2、Y_3的逻辑表达式，并画出逻辑符号。

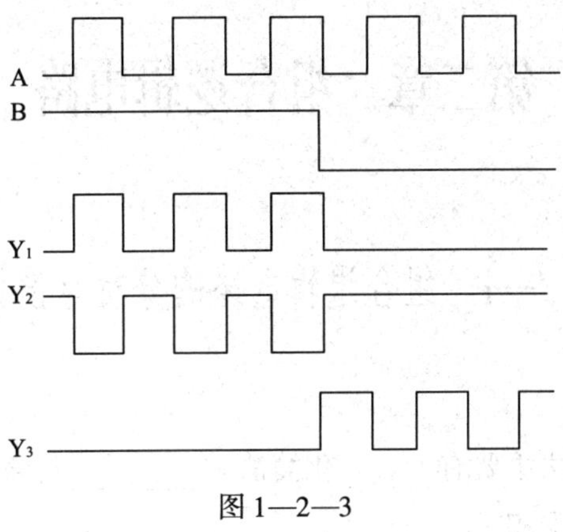

图 1—2—3

3. 图 1—2—4 所示为某三态门电路的符号及其输入信号波形，试画出各门电路的输出波形。

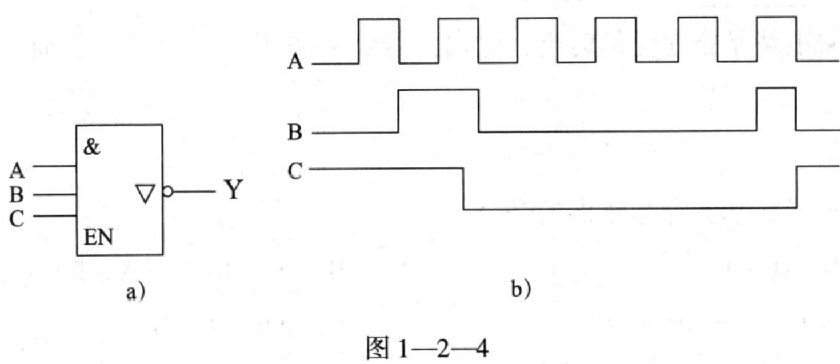

图 1—2—4

第二章　组合逻辑电路

§2—1　组合逻辑电路的分析与设计

一、填空题

1. 逻辑函数的化简方法主要有______化简法和________化简法。

2. 最小项是指这样的乘积项：

（1）有____个变量，则最小项就有____个因子。

（2）每一个变量都以______或者________的形式作为一个因子在乘积项中出现______次，且仅出现______次。

3. 把逻辑表达式表示成__________，然后在卡诺图中把每一个乘积项所包含的最小项都填上______，其余的填______，就可以得到逻辑表达式的卡诺图。

4. 按照逻辑功能的不同，数字电路可以分成__________（简称__________）和______________（简称__________）两大类。

5. 组合逻辑电路是指在任何时刻，输出信号仅取决于__________，而与____________无关。

二、选择题

1. 下列逻辑代数基本定律错误的是（　　）。

A. $A+B=B+A$　　B. $A+BC=(A+B)(A+C)$

C. $A(B+C)=AB+AC$　　D. $AB=A+B$

2. 逻辑函数式 $\overline{A}B+A\overline{B}+AB$ 化简后的结果是（　　）。

A. AB　　B. $\overline{A}B+A\overline{B}$

C. $\overline{B}+B$　　D. $AB+B$

3. 能使逻辑函数 $\overline{A}BC$ 为 1 的变量 A、B、C 的取值组合有（　　）。

A. 000　　B. 010　　C. 011　　D. 100

4. 下列逻辑运算正确的是（　　）。

A. $A+B=A+\overline{A}B$　　B. $A+0=0$

C. $AB+C=(A+B)(A+C)$　　D. $A+\overline{A}=A$

5. 逻辑函数式 $Y=\overline{A+B+C}$ 可以写成（　　）。

A. $\overline{A}\cdot\overline{B}\cdot\overline{C}$　　B. $\overline{A\cdot B\cdot C}$

C. $\overline{C}\,\overline{A}+\overline{B}+\overline{C}$

三、判断题

1. 逻辑函数式在等号两边的各项可任意消去，原因是等号两边变量数值相等。(　　)

2. 常用的化简方法有代数法和卡诺图法。(　　)

3. 逻辑函数化简的意义在于构成逻辑电路时可节省器件、降低成本、提高工作的可靠性。(　　)

4. 任何一个逻辑函数的最小项表达式一定是唯一的。(　　)

5. 任何一个逻辑函数表达式经化简后，其最简式一定是唯一的。(　　)

6. 在任意时刻，组合逻辑电路输出信号的状态，仅仅取决于该时刻输入信号的状态。(　　)

四、综合题

1. 写出组合逻辑电路的分析步骤。

2. 应用逻辑代数运算法则化简下列各式。

（1） $Y=AB+\overline{A}\,\overline{B}+A\,\overline{B}$

（2） $Y=\overline{\overline{A+B}+AB}$

（3）$Y = ABC + \overline{A} + \overline{B} + \overline{C} + D$

3. 用卡诺图化简下列各逻辑函数式。

（1）$Y = \overline{ABC} + \overline{A}B\overline{C} + A\overline{B}C + ABC$

（2）$Y = AC\overline{D} + \overline{A}B\overline{D} + BC + \overline{A}CD + ABD$

（3）$Y = \overline{A}B + \overline{B}C + A \cdot \overline{B\overline{C}}$

4. 根据图 2—1—1 所示的逻辑图，写出两个电路的逻辑函数式，列出真值表，并分析其逻辑功能。

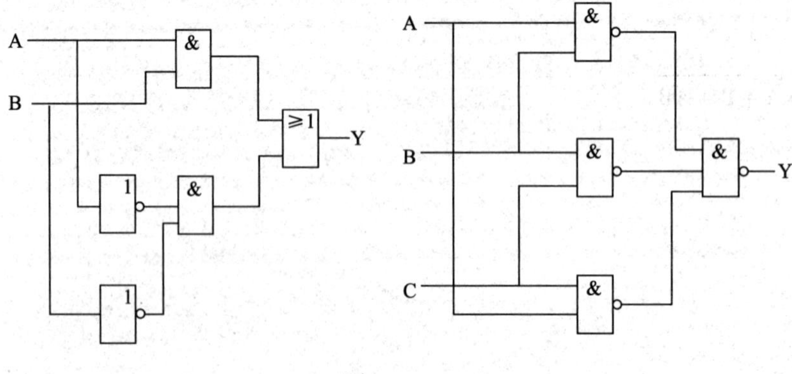

图 2—1—1

5. 根据逻辑函数式 $Y = AB + \overline{A}\,\overline{B}$ 列出逻辑状态表，说明其逻辑功能，并画出其用与非门组成的逻辑图。

6. 某一组合逻辑电路如图 2—1—2 所示，试分析其逻辑功能。

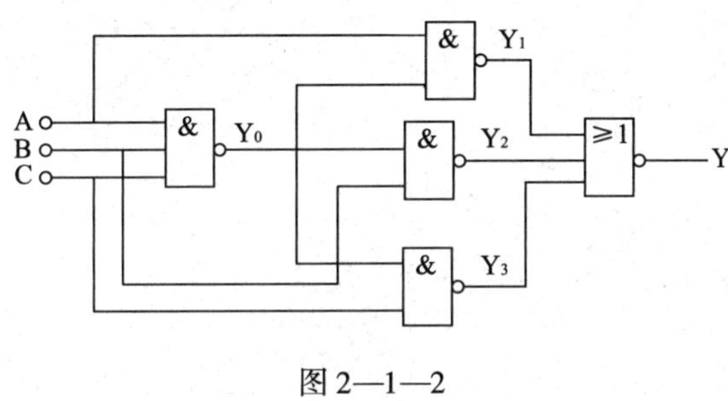

图 2—1—2

§2—2 加 法 器

一、填空题

1. 只考虑____________，而不考虑________的运算电路，称为半加器。

2. 不仅考虑____________，而且考虑________的运算电路，称为全加器。

3. 实现__________的电路称为加法器。

二、选择题

1. 半加器的逻辑功能是（　　）。

A. 两个同位的二进制数相加

B. 两个二进制数相加

C. 两个同位的二进制数及来自低位的进位三者相加

D. 两个二进制数的和的一半

2. 全加器的逻辑功能是（　　）。

A. 两个同位的二进制数相加

B. 两个二进制数相加

C. 两个同位的二进制数及来自低位的进位三者相加

D. 不带进位的两个二进制数相加

三、综合题

1. 设计一个半加器。

2. 设计一个全加器。

3. 图 2—2—1 所示为四个全加器逻辑图，试将它们正确连接，实现四位串行加法器。

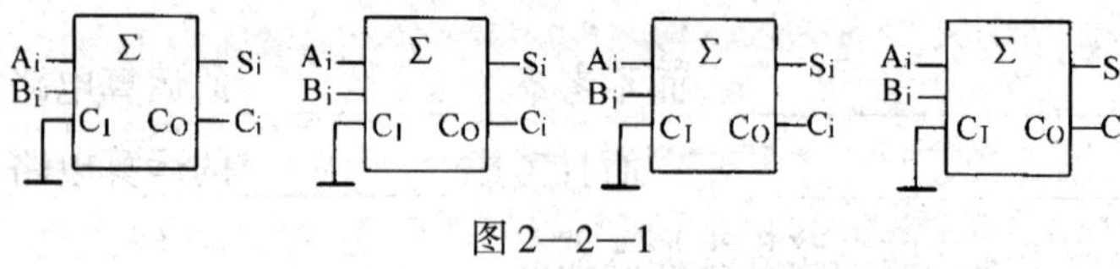

图 2—2—1

§2—3 编码器与比较器

一、填空题

1．把二进制数码 0 和 1 按一定的规律编排成一组组代码，并使每组代码具有一定的含义（如代表某个十进制数），称为________。

2．$(43)_{10}$ =（_______$)_2$ =（_______$)_{8421BCD}$。

3．常用数制有____进制、____进制、____进制、______进制。

4．二进制只有______和____两个数码，进位规律是______；十进制有____个数码，进位规律是________。

5．编码器按输出代码种类不同，可分为______________和______________。

6．用于比较________的电路称为数值比较器。

7．两个 4 位二进制数 A（$A_3A_2A_1A_0$）、B（$B_3B_2B_1B_0$），要比较 A、B 的大小，应从________逐位比较判断。

二、选择题

1．8 位二进制数能表示十进制数的最大值是（　　）。

A．255　　B．248　　C．192

2．欲表示十进制数的十个数码，需要二进制数码的位数是（　　）。

A．2 位　　B．4 位　　C．3 位

3．优先编码器同时有两个输入信号时，是按（　　）的输入信号编码。

A．高电平　　B．低电平

C．优先级别　　D．无法编码

4．8421BCD 码 00010011 表示十进制数的大小为（　　）。

A．10　　B．13　　C．12　　D．17

三、综合题

1．什么是编码？编码器有哪些逻辑功能？

2. 完成下列数制转换。

（1）$(23)_{10}$ = （ ________ $)_2$ = （ __________ $)_{8421BCD}$。

（2）$(10011)_2$ = （ __________ $)_{8421BCD}$ = （ ______ $)_{10}$。

（3）$(01011000)_{8421BCD}$ = （ ________ $)_{10}$。

3. 分析图 2—3—1 所示编码器的工作原理并回答下列问题。

（1）这是一个几进制的编码器？

（2）当开关 S6 闭合时，Y_2、Y_1、Y_0状态如何？

（3）当开关 S7 闭合时，Y_2、Y_1、Y_0状态如何？

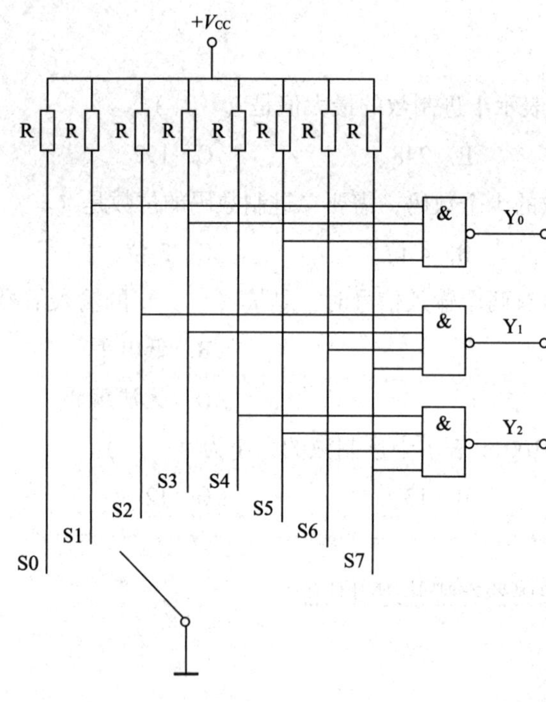

图 2—3—1

4. 设计一个比较 2 位二进制数 A 和 B 的电路，要求当 A = B 时，输出 Y = 1，否则 Y = 0。

§2—4 译码器与显示器

一、填空题

1. 译码器的功能与________相反，它将具有________________________________“翻译”出来，并转换成相应的________。这个输出信号可以是脉冲，也可以是________。译码器也称为__________。

2. 常用的译码器有__________、__________、__________。

3. 常用的数码显示器有______________、______________、____________。

4. 发光二极管的工作电压为____________，工作电流一般取____________，既保证亮度适中，又不损坏器件。

5. 常用的显示译码器有__________________、__________和________________三种。

二、选择题

1. 译码电路的输入端是（　　），输出端是（　　）。

A. 二进制代码　　B. 十进制数

C. 某个特定信息　　D. 某个特定的控制信息

2. 3—8 线译码器有（　　）。

A. 3 条输入线，8 条输出线　　B. 4 条输入线，2 条输出线

C. 4 条输入线，8 条输出线　　D. 8 条输入线，2 条输出线

三、判断题

1. 译码器、编码器、全加器都是组合逻辑电路。（　　）

2. 七段数码显示器只能用来显示十进制数字，而不能用于显示其他信息。（　　）

3. 与液晶数码显示器相比，LED 数码显示器具有亮度高且耗电最小的优点。（　　）

4. 译码器的输入是二进制数码，输出是与输入数码相对应的具有特定含义的逻辑信号。（　　）

5. 数字显示电路通常由译码器、驱动电路、显示器等部件组成。（　　）

四、综合题

写出 8421 码十进制加法计数器及七段译码显示器“f”笔真值表（见表 2—4—1），并写出“f”笔逻辑表达式，画出“f”笔用与非门实现的电路图，字形如图 2—4—1 所示。

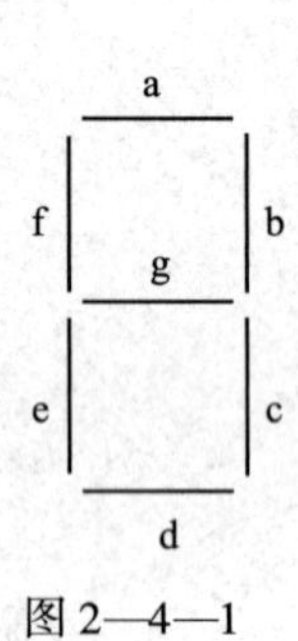

图 2—4—1

表 2—4—1

CP	Q_3	Q_2	Q_1	Q_0	f
0					
1					
2					
3					
4					
5					
6					
7					
8					
9					

§2—5　数据选择器与分配器

一、填空题

1. 数据选择器又称为________，它相当于__________，在选择输入（又称________）信号的作用下，从多个数据输入通道中选择某一通道的数据（________________）传输到________。

2. 4 选 1 数据选择器是指__________________________。

3. 数据分配器是根据________信号将一路输入数据传送到______________的某一输入端。

二、选择题

1. 多路数据选择器不仅可以用来作为数据选择开关，还可以实现（　　）功能。

A. 输入　　B. 进位

C. 比较　　D. 逻辑函数

2. 对于一个数据分配器，它是在地址选择信号的作用下，将（　　）信号送到对应的（　　）端。

A. 输入　　　　　　　　　　B. 进位

C. 输出　　　　　　　　　　D. 选择控制

三、判断题

1. 数据选择器又称为多路调制器，相当于一只单刀多掷选择开关。（　　）

2. 通常数据选择器有单个输入端、多个输出端。（　　）

四、综合题

1. 什么是数据选择器？简述数据选择器的基本结构和基本功能。

2. 如图 2—5—1 所示为一个 4 选 1 数据选择器，A、B 是选择控制输入端，D_0、D_1、D_2、D_3是数据输入端，Y 是数据输出端。分析电路，写出其输出端的逻辑表达式，并将其逻辑功能填入表 2—5—1 中。

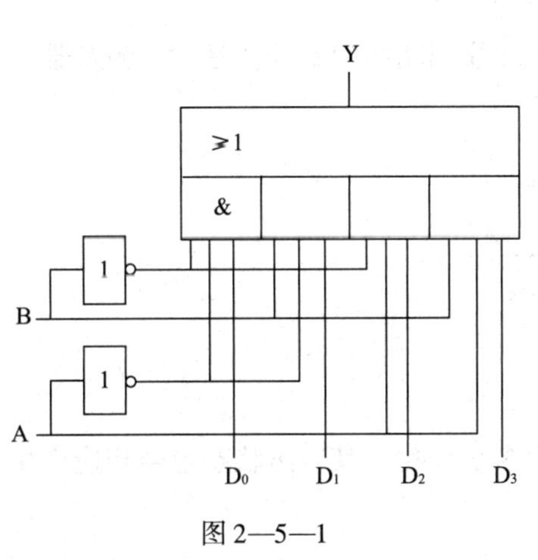

图 2—5—1

表 2—5—1

选择输入		数据输入				输出
A	B	D_0	D_1	D_2	D_3	Y

第三章　触　发　器

§3—1　基本 RS 触发器与同步 RS 触发器

一、填空题

1. 触发器具有____个稳定状态，在输入信号消失后，它能保持______不变。

2. 由两个与非门构成的基本 RS 触发器的特征方程是 Q^{n+1} = __________，约束方程是____________。

3. 由两个或非门构成的基本 RS 触发器的特征方程是 Q^{n+1} = __________，约束方程是____________。

4. 在基本 RS 触发器中，输入端 R_D 或 $\overline{R_D}$ 能使触发器处于______状态，输入端 S_D 或 $\overline{S_D}$ 能使触发器处于____状态。

5. 用与非门构成的基本 RS 触发器和用或非门构成的基本 RS 触发器的逻辑功能______，只是前者输入信号________有效，后者输入信号________有效。

6. 同步 RS 触发器状态的改变是与__________信号同步的。

7. 在 CP 脉冲作用下，具有如图 3—1—1 所示状态转换图功能的触发器是____触发器。

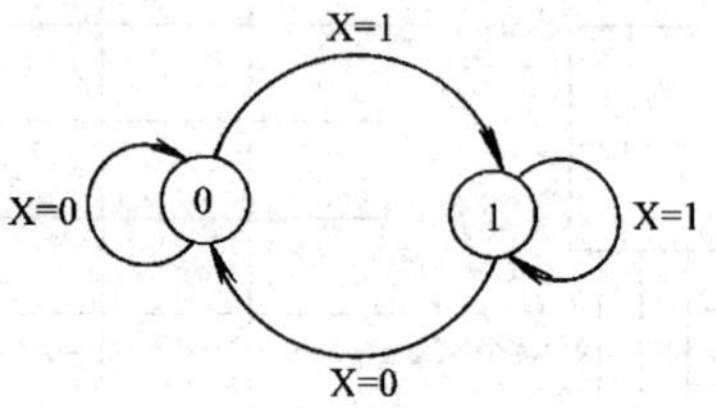

X=1
X=0　0　　1　X=1
X=0

图 3—1—1

8. 在 CP 有效期间，若同步触发器的输入信号发生多次变化，其输出状态也会相应产生多次变化，这种现象称为______________。

二、选择题

1. 对于触发器和组合逻辑电路，以下说法正确的是（　　）。

A. 两者都有记忆能力

B. 两者都无记忆能力

C. 只有组合逻辑电路有记忆能力

D. 只有触发器有记忆能力

2. 由一个与非门构成的基本 RS 触发器，若使触发器的$Q^{n+1}=Q^{n}$，则输入信号应为(　　)。

A. $S=R=0$　　B. $S=R=1$

C. $S=1$，$R=0$　　D. $S=0$，$R=1$

3. 如图 3—1—2a 所示，输入端（　　）有效。

A. 高电平有效　　B. 低电平有效

C. 高、低电平都有效　　D. 高、低电平都无效

4. 如图 3—1—2b 所示，输入端（　　）有效。

A. 高电平有效　　B. 低电平有效

C. 高、低电平都有效　　D. 高、低电平都无效

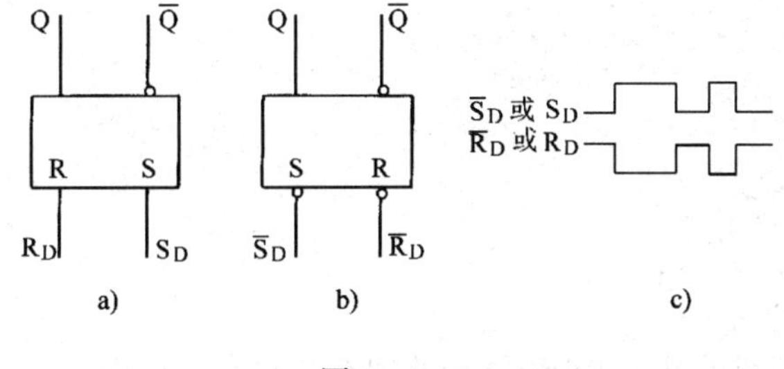

图 3—1—2

5. CP 有效期间，同步 RS 触发器的特性方程是（　　）。

A. $Q^{n+1}=S+\overline{R}Q^{n}$　　B. $\begin{cases}Q^{n+1}=S+\overline{R}Q^{n}\\RS=0\end{cases}$

C. $Q^{n+1}=\overline{S}+RQ^{n}$　　D. $\begin{cases}Q^{n+1}=\overline{S}+RQ^{n}\\RS=0\end{cases}$

6. 触发器的真值表如表 3—1—1 所示，该触发器是(　　)。

A. 与非门组成的基本 RS 触发器　　B. 或非门组成的基本 RS 触发器

C. 同步 RS 触发器　　D. 同步 D 触发器

表 3—1—1

D	Q^{n}	Q^{n+1}
0	0	0
0	1	0
1	0	1
1	1	1

三、判断题

1. 触发器属于组合逻辑电路。 (　　)

2. 触发器有两个稳定状态，一个是现态，另一个是次态。 (　　)

3. 或非门组成的基本 RS 触发器输入端 R_D 和 S_D 可以同时为 0。 (　　)

4. 或非门组成的基本 RS 触发器输入端 R_D 和 S_D 可以同时为 1。 (　　)

5. 时钟脉冲的主要作用是使触发器的输出状态稳定。 (　　)

6. 基本 RS 触发器和同步 RS 触发器的特性是完全相同的。 (　　)

四、综合题

1. 比较与非门组成的基本 RS 触发器和或非门组成的基本 RS 触发器的特性。

2. 已知用与非门组成的基本 RS 触发器的现态和次态，在表 3—1—2 中填入相应的输入状态。

表 3—1—2

Q^n	Q^{n+1}	$\overline{R_D}$	$\overline{S_D}$
0	0		
0	1		
1	0		
1	1		

3. 已知用或非门组成的基本 RS 触发器的现态和次态，在表 3—1—3 中填入相应的输入状态。

表 3—1—3

Q^n	Q^{n+1}	R_D	S_D
0	0		
0	1		
1	0		
1	1		

4. 如图 3—1—2 所示，图 3—1—2a 和 b 为两个触发器的逻辑符号，图 3—1—2c 为两个触发器输入端信号波形，试分别画出两个触发器的输出信号波形 Q_1 和 Q_2（设初始状态 $Q_1 = Q_2 = 0$）。

5. 画出同步 RS 触发器的逻辑符号，列出真值表，写出其特性方程。

§3—2　主从触发器与边沿触发器

一、填空题

1. 主从触发器是一种能防止______现象的触发器。

2. 在 CP 脉冲和输入信号作用下，JK 触发器能够具有______、______、______和______的逻辑功能。

3. 在 CP 脉冲有效期间，D 触发器的次态方程 $Q^{n+1}=$______；JK 触发器的次态方程 $Q^{n+1}=$____________。

4. 对于 JK 触发器，当 CP 脉冲有效期间，若 $J=K=0$ 时，触发器状态________；若 $J=\overline{K}$ 时，触发器______或______；若 $J=K=1$ 时，触发器状态______。

5. 同步触发器属______触发的触发器；主从触发器属______触发的触发器。

6. 边沿触发器是一种能防止__________现象的触发器。

7. 与主从触发器相比，______触发器的抗干扰能力较强。

8. 同一种逻辑功能的触发器可以用______电路结构来构成，某一种电路结构可以______不同逻辑功能的触发器。

9. 在触发器电路中，异步置 0 端 R_D、异步置 1 端 S_D 可以根据需要预先将触发器_______或_______，而不受__________的同步控制。

二、选择题

1. 对于 JK 触发器，输入 J = 0、K = 1，CP 脉冲作用后，触发器的 Q^{n+1} 应为（　　）。

A. 0　　　　B. 1

C. 可能是 0，也可能是 1　　　　D. 与 Q^n 有关

2. JK 触发器在 CP 脉冲作用下，若使 $Q^{n+1}=\overline{Q^n}$，则输入信号应为（　　）。

A. J = K = 1　　　　B. $J=Q$，$K=\overline{Q}$

C. $J=\overline{Q}$，$K=Q$　　　　D. J = K = 0

3. JK 触发器在 CP 脉冲作用下，若使 $Q^{n+1}=Q^n$，则输入信号应为（　　）。

A. J = K = 1　　　　B. $J=Q$，$K=\overline{Q}$

C. $J=\overline{Q}$，$K=Q$　　　　D. J = K = 0

4. JK 触发器的特性方程是（　　）。

A. $Q^{n+1}=\overline{J}Q^n+K\overline{Q^n}$　　　　B. $Q^{n+1}=J\overline{Q^n}+\overline{K}Q^n$

C. $Q^{n+1}=JQ^n+\overline{K}\overline{Q^n}$　　　　D. $Q^{n+1}=J\overline{Q^n}+KQ^n$

5. 具有“置 0”“置 1”“保持”“翻转”功能的触发器称为（　　）。

A. JK 触发器　　　　B. 基本 RS 触发器

C. 同步 D 触发器　　　　D. 同步 RS 触发器

6. 边沿控制触发的触发器的触发方式为（　　）。

A. 上升沿触发

B. 下降沿触发

C. 可以是上升沿触发，也可以是下降沿触发

D. 可以是高电平触发，也可以是低电平触发

7. 为避免一次翻转现象，应采用（　　）触发器。

A. 高电平　　　　B. 低电平

C. 主从　　　　D. 边沿

8. 对于上升沿触发的边沿触发器，下列选项错误的是（　　）。

A. CP = 0 时，输入门开启，输出门关闭

B. CP 由 0 变 1 时，输入门关闭，输出门打开

C. CP = 1 时，输入门、输出门同时开启

D. CP 由 1 变 0 时，输入门开启，输出门关闭

9. 异步置 0、置 1 端对触发器的置 1 和置 0（　　）。

A. 任何时刻均可　　　　B. CP = 0 时才行

C. CP＝1 时才行　　　　　　　　　　D. CP 有效时才行

10. 具有异步置 0、置 1 端的触发器的置 1 和置 0（　　）。

A. 只能用异步置 0、置 1 端　　　　　B. 只能用输入信号

C. 仅在 CP 有效时才可　　　　　　　D. 以上都不对

三、判断题

1. 主从 RS 触发器能够避免触发器的空翻现象。（　　）
2. 主从触发器电路中，主触发器和从触发器输出状态的翻转是同时进行的。（　　）
3. 主从 JK 触发器存在空翻问题。（　　）
4. 主从触发器是在 CP 脉冲高电平或低电平时翻转的。（　　）
5. 主从触发器存在“一次翻转”现象。（　　）
6. 主从 JK 触发器和边沿 JK 触发器的逻辑功能一定是不同的。（　　）
7. 主从 JK 触发器和边沿 JK 触发器的特性方程一定是相同的。（　　）
8. 采用边沿触发器是为了防止“空翻”。（　　）

四、综合题

1. 画出上升沿触发的主从 JK 触发器的逻辑符号，若主从 JK 触发器输入波形如图 3—2—1 所示，画出 Q 端和 $\overline{Q}$ 端的波形（设初始状态 Q＝0）。

CP
J
K

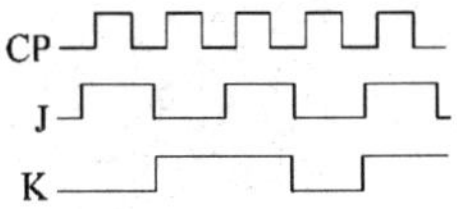

图 3—2—1

2. 画出下降沿触发的主从 JK 触发器逻辑符号，若主从 JK 触发器输入波形如图 3—2—1 所示，画出 Q 端和 $\overline{Q}$ 端的波形（设初始状态 Q＝0）。

3. 已知主从 JK 触发器的 J = K = A 及 CP 的波形如图 3—2—2 所示，试画出 Q 的波形（Q 的初始状态为 0）。

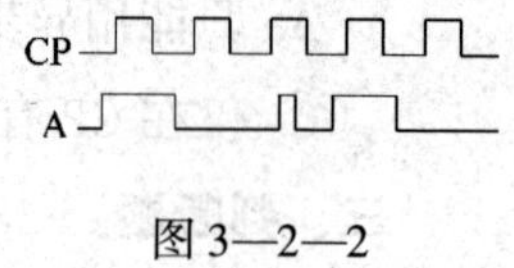

图 3—2—2

4. 在图 3—2—3 所示各边沿触发器中，试写出它们各自的特性方程（注明相应的时钟条件），并写出异步置 0、置 1 的条件。

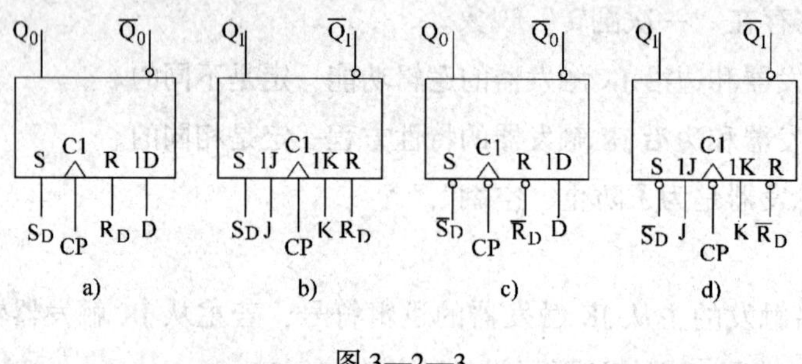

图 3—2—3

5. 为什么说边沿触发器的抗干扰能力比主从触发器的抗干扰能力强？

6. 已知下降沿触发的边沿 JK 触发器的 J = K = A 及 CP 的波形如图 3—2—4 所示，试画出 Q 的波形（设 Q 的初始状态为 0）。

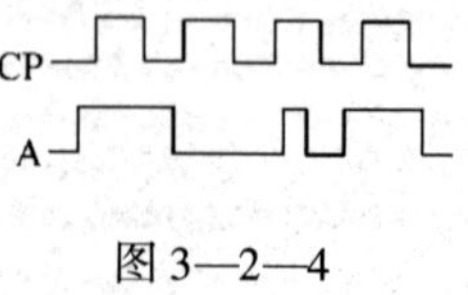

图 3—2—4

§3—3　触发器的分类与转换

一、填空题

1. 对于 JK 触发器，若 J = K 时，则可完成____触发器的逻辑功能；若 $J=\overline{K}$ 时，则可完成____触发器的逻辑功能。

2. T 触发器的次态方程 $Q^{n+1}=$____________________，T′触发器的次态方程 $Q^{n+1}=$_______。

3. 对于 T 触发器，若 $Q^n=0$，若使 $Q^{n+1}=1$，则输入 T = ____；若 $Q^n=1$，若使 $Q^{n+1}=1$，则输入 T = _____。

4. 对于 D 触发器，若使 $Q^{n+1}=Q^n$，则输入 D = ____；若使 $Q^{n+1}=\overline{Q^n}$，则输入 D = _____。

5. 对于 T 触发器，若使 $Q^{n+1}=\overline{Q^n}$，则输入 T = _____。

6. 将 D 触发器的 D 端与 $\overline{Q}$ 端直接相连时，D 触发器可转换成____触发器。

7. 将 JK 触发器的 J 端与 K 端直接相连作为输入端时，JK 触发器可转换成____触发器。

8. 将 JK 触发器的 J 端与 K 端直接相连后再接高电平时，JK 触发器可转换成____触发器。

二、选择题

1. 将 D 触发器的 D 端连在 $\overline{Q}$ 端上，在第 25 个 CP 脉冲作用后，$Q^{n+1}=$（　　）。

A. $Q^{n+1}=1$　　B. $Q^{n+1}=0$

C. $Q^{n+1}=Q^n$　　D. $Q^{n+1}=\overline{Q^n}$

2. 仅具有“保持”“翻转”功能的触发器叫（　　）。

A. JK 触发器　　B. RS 触发器

C. D 触发器　　D. T 触发器

3. 仅具有“翻转”功能的触发器叫（　　）。

A. JK 触发器　　B. RS 触发器

C. D 触发器　　D. T′触发器

4. JK 触发器用做 T′触发器时，输入端 J、K 的正确接法是（　　）。

A. $J=K=Q^n$　　B. $J=K=1$

C. $J=K=\overline{Q^n}$　　D. $J=K=0$

5. D 触发器用做 T′触发器时，输入端 D 的正确接法是(　　)。

A. $D=Q^n$　　B. $D=\overline{Q^n}$

C. $D=0$　　D. $D=1$

三、判断题

1. T 触发器的特性方程是 $Q^{n+1}=T\oplus Q^{n}$，所以说 T 触发器实现了异或门的逻辑功能。 （ ）

2. 仅具有翻转功能的触发器是 T 触发器。 （ ）

3. 同一电路结构的触发器，其逻辑功能也一定相同。 （ ）

4. 同一逻辑功能的触发器，其电路结构也一定相同。 （ ）

四、综合题

1. 主从 T 触发器的输入波形如图 3—3—1 所示，画出 Q 端和 $\overline{Q}$ 端的波形（设初始状态 $Q=0$）。

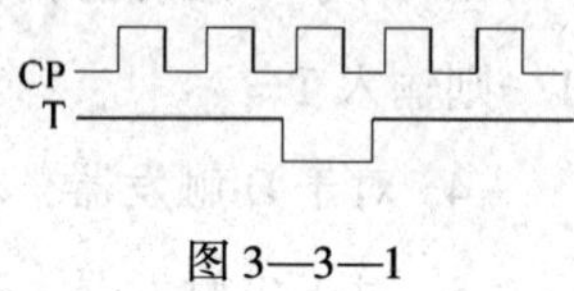

图 3—3—1

2. 设图 3—3—2 所示主从 T 触发器及边沿 D 触发器的初始状态为 $Q_0=Q_1=0$，试画出在时钟脉冲 CP 作用下 $\overline{Q_0}$ 端和 Q_1 端的波形。

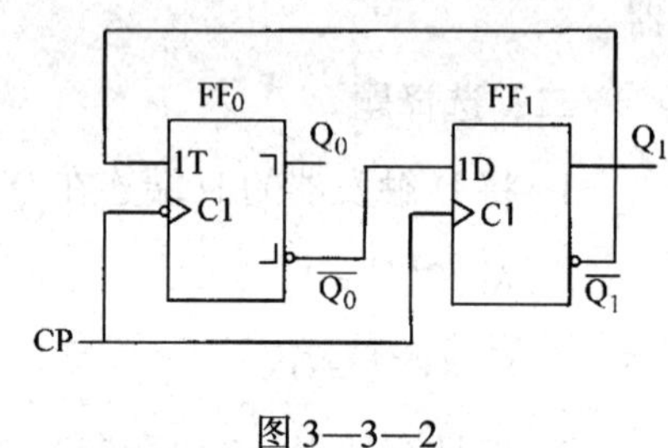

图 3—3—2

3. 如何将主从 JK 触发器转换为主从 D 触发器、主从 T 触发器、主从 T′触发器？画出逻辑图。

4. 画出用主从 RS 触发器实现 $Q^{n+1}=J\overline{Q^n}+\bar{K}Q^n$ 的逻辑图。

5. 画出用主从 JK 触发器实现 $Q^{n+1}=\overline{Q^n}$的逻辑图。

第四章　时序逻辑电路

§4—1 寄　存　器

一、填空题

1. 锁存器是指当没有锁存信号作用时，其输出状态随____________的变化而变化；当锁存信号作用时，锁存器将保持__________来前的状态不变。

2. 寄存器是具有能够__________、________和________数码的一种逻辑记忆元件，分为__________寄存器和________寄存器两种类型。

二、选择题

1. 通常寄存器应具有（　　）功能。

A. 存数和取数　　B. 清零和置数　　C. 两者皆有

2. 寄存器在电路组成上的特点是（　　），计数器在电路组成上的特点是（　　）。

A. 有 CP 输入端、无数码输入端

B. 有 CP 输入端、有数码输入端

C. 无 CP 输入端、有数码输入端

三、判断题

1. 双向移位寄存器既可以将数码向左移，也可以将数码向右移。（　　）

2. 寄存器是组合逻辑电路。（　　）

3. 数码寄存器只能寄存数码，不能进行移位。（　　）

四、综合题

1. 图 4—1—1 所示为由边沿 JK 触发器组成的数码寄存器，说明该数码寄存器的工作原理。

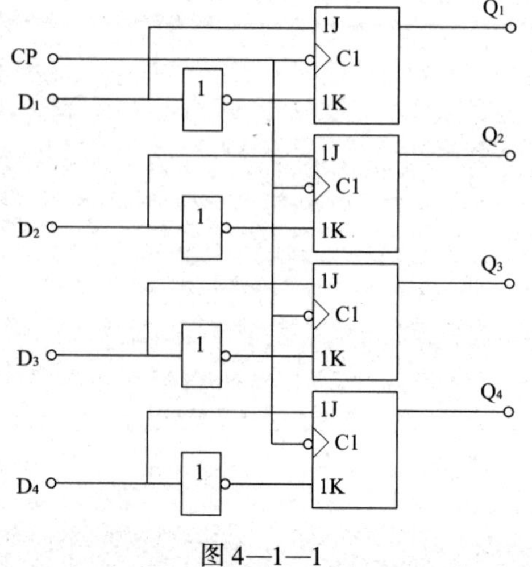

图 4—1—1

2．图 4—1—2a 所示为一个串并行输入、串并行输出移位寄存器，说明该移位寄存器的工作原理，并根据图 4—1—2b 输入波形画出输出波形。

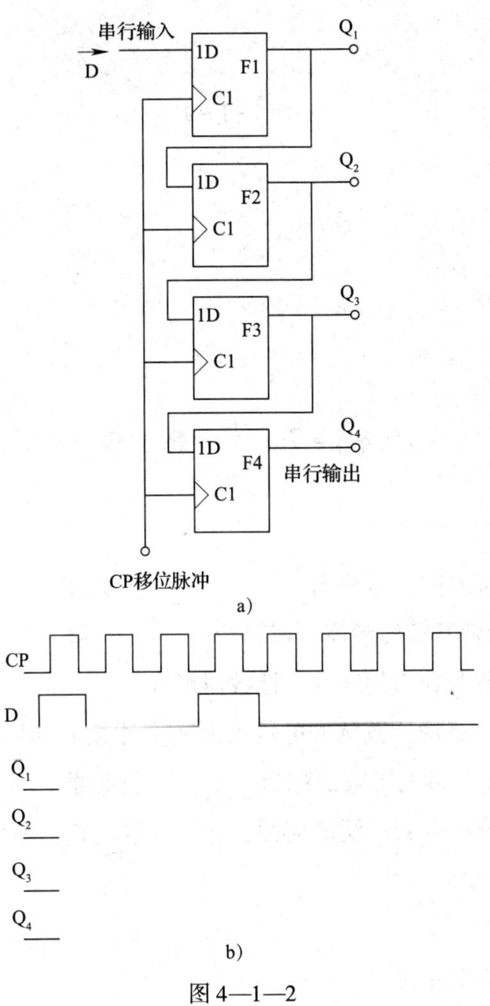

a）

b）

图 4—1—2

3．根据所学知识，利用JK触发器设计一个4位右移位寄存器。要求：画出逻辑图、写出状态表，并根据已知的图4—1—3输入波形画出输出波形。

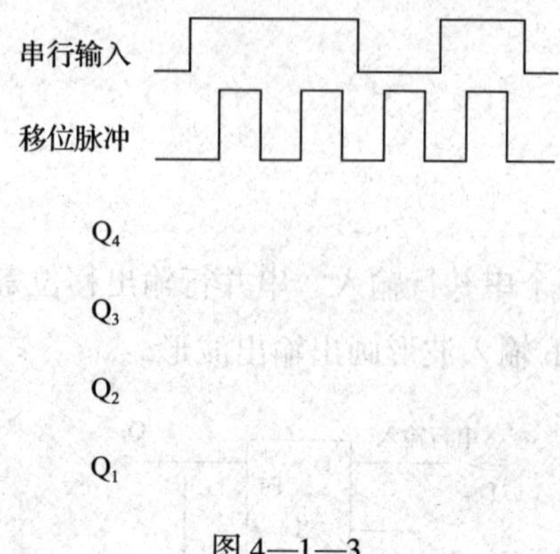

图4—1—3

§4—2 计 数 器

一、填空题

1．计数器按计数进制不同，可分为____________计数器、_________计数器和_________计数器；按计数单元中触发器翻转顺序，可分为_________和_________两大类。

2．按计数过程中计数器数值的增减，计数器可分为____________ 计数器、____________计数器和______ 计数器。随着计数脉冲的输入而递增计数的称为________计数器，递减计数的称为_________计数器，可增可减的称为_________计数器。

3．计数器在数字系统中有着广泛的应用，除了计数之外，还可用来_______和________等。

二、选择题

1．构成计数器的基本电路是（　　）。

A．或非门　　B．与非门　　C．触发器

2．一个十进制计数器至少需要由（　　）个触发器构成。

A．2　　B．3　　C．4　　D．5

3．一个计数器的状态变化为000→100→011→010→001→000，则该计数器是（　　）进制（　　）计数器。

A. 4　　B. 5　　C. 递增　　D. 递减

4. 一个八进制计数器最多能记忆（　　）个脉冲，第（　　）个脉冲到来后，向高位进 1。

A. 7　　B. 8　　C. 9　　D. 10

5. 某计数器有一个控制端 N，其状态图如图 4—2—1 所示。则该计数器是（　　）进制（　　）计数器。

A. 八　　B. 十　　C. 七

D. 递减　　E. 递增　　F. 可逆

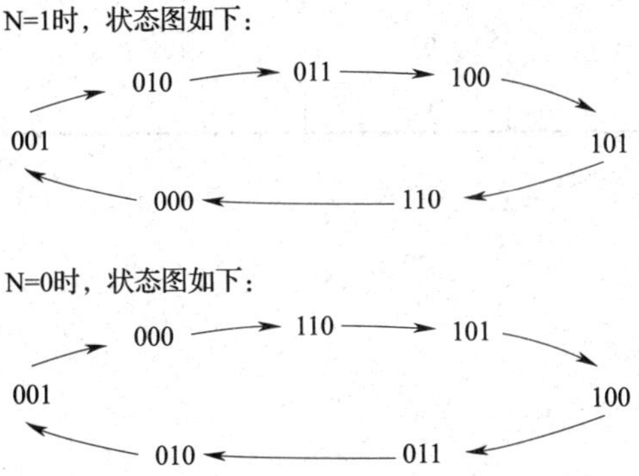

N=1时，状态图如下：

001 → 010 → 011 → 100 → 101 → 110 → 000 → 001

N=0时，状态图如下：

001 → 000 → 110 → 101 → 100 → 011 → 010 → 001

图 4—2—1

6. 用 D 触发器作二进制计数器时，必须将（　　）连接。

A. “D”与本位“Q”端　　B. “D”与本位“$\overline{Q}$”端

C. “D”与本位“CP”端　　D. “D”与低位“$\overline{Q}$”端

三、判断题

1. 异步计数器的工作速度一般高于同步计数器。（　　）

2. N 进制计数器可以实现 N 分频。（　　）

3. 用 8421BCD 码表示的十进制数字，必须经译码后才能用七段数码显示器显示出来。（　　）

4. 在计数器中，十进制数通常是用二进制数表示的，所以十进制计数器是指二—十进制编码的计数器。（　　）

5. 为了得到计数容量较大的计数器，可以将两个以上的计数器串联起来。例如，把一个三进制计数器和一个四进制计数器串联起来，就构成了一个七进制计数器。（　　）

四、综合题

1. 全部使用维持阻塞 D 触发器组成异步三位二进制递增计数器，画出逻辑电路图。

2．根据表 4—2—1 所示的状态，画出该时序电路的状态图。

表 4—2—1

Q_3^n	Q_2^n	Q_1^n	Q_3^{n+1}	Q_2^{n+1}	Q_1^{n+1}
0	0	0	1	0	0
0	0	1	0	0	0
0	1	0	1	0	1
0	1	1	0	0	1
1	0	0	1	1	0
1	0	1	0	1	0
1	1	0	1	1	1
1	1	1	0	1	1

3．分析图 4—2—2a 中所示电路的逻辑功能，列出状态表 4—2—2，并画出 Q_0、Q_1、Q_2 的波形，如图 4—2—2b 所示。设各触发器的初始状态均为 0。

表 4—2—2

CP 个数	Q_0	Q_1	Q_2
0	0	0	0
1			
2			
3			
4			
5			
6			
7			
8			

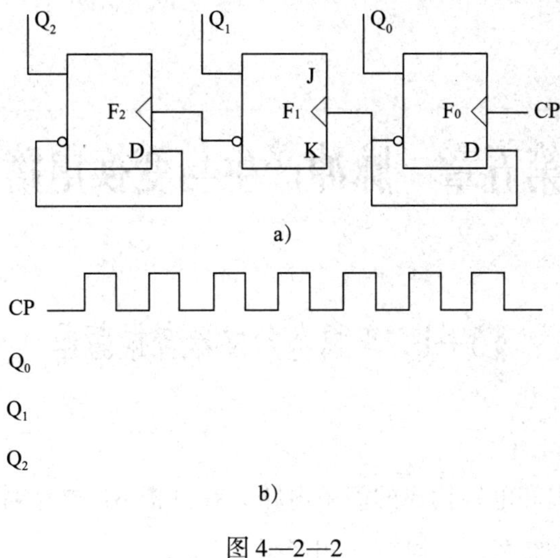

图 4—2—2

4．图 4—2—3 所示为一个二进制递增计数器，现欲将它改为十进制递增计数器，应如何连接?

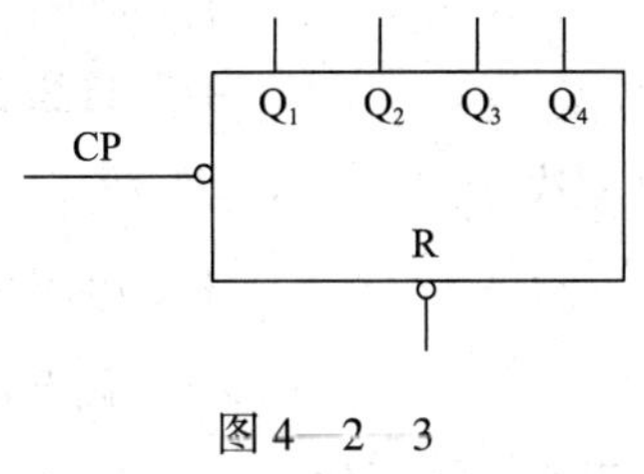

图 4—2—3

第五章 脉冲产生与变换电路

§5—1 单稳态触发器与振荡器

一、填空题

1. RC 电路是由电阻和电容构成的简单电路。在分析 RC 电路时，电路切换瞬时电容可视为________；瞬态过程结束后，电容又相当于__________。

2. 微分电路和积分电路都是利用__________实现波形变换的。微分电路输出取自____两端，要求时间常数______。积分电路输出取自________两端，要求时间常数__________。

3. 环形振荡器就是将________与非门的首尾相接，构成环形连接所组成的电路。

4. 多谐振荡器电路没有____________，电路不停地在两个________之间转换，因此又称为________。

二、选择题

1. 单稳态触发器一般不适用于（　　）电路。

A. 定时　　B. 延时

C. 脉冲波形整形　　D. 自激振荡产生脉冲信号

2. 单稳态触发器的脉冲宽度取决于（　　）。

A. 触发信号的周期　　B. 电路的 RC 时间常数

C. 电路的 RC 时间常数　　D. 触发信号的宽度

3. 多谐振荡器是一种自激振荡器，能产生（　　）。

A. 矩形波　　B. 三角波

C. 正弦波　　D. 尖脉冲

三、判断题

1. 单稳态触发器有一个稳定状态和一个暂稳定状态。（　　）

2. 单稳态触发器可用来进行脉冲的整形、延迟和定时等。（　　）

3. 多谐振荡器需要外界的触发信号才可形成输出脉冲。（　　）

4. 从振荡器的工作特点看，它是无稳态电路。（　　）

5. 多谐振荡器输出的信号为正弦波。（　　）

6. 石英晶体振荡器的特点是其频率稳定性很高。（　　）

四、综合题

1．CMOS 或非门微分型单稳态电路如图 5—1—1a 所示，G1、G2 之间采用了 RC 微分电路耦合，V_T 为 CMOS 或非门的开启电压，画出电路各点的波形，并简述其工作原理。

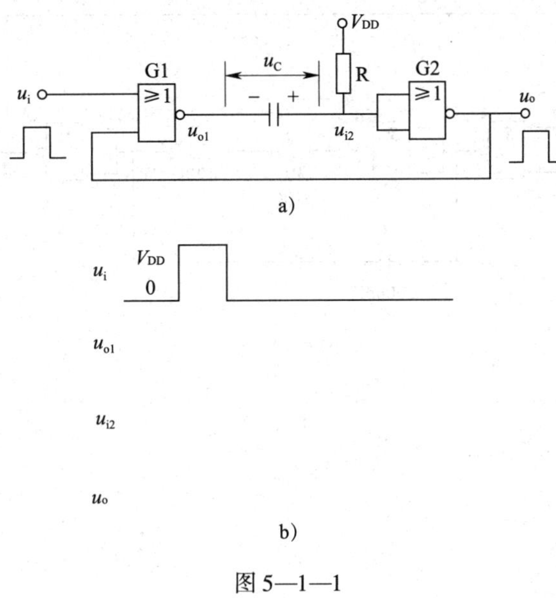

图 5—1—1

2．在图 5—1—2 所示电路中，$R_1 = R_2 = 1\ \text{k}\Omega$，电路起始时 u_{o1} 为低电平、u_{o2} 为高电平，电容电压 $u_{c1} = u_{c2} = 0$，分析此电路的工作原理，画出 u_{c1}、u_{o1}、u_{c2} 和 u_{o2} 的波形。

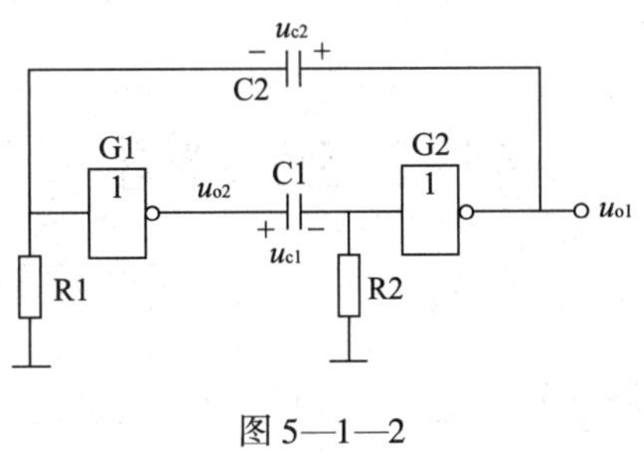

图 5—1—2

3. 图 5—1—3 所示为 TTL 与非门构成的 RC 定时多谐振荡器。

（1）定性地画出 a、b、d、e、g 各点电压波形。

（2）估算振荡频率范围。

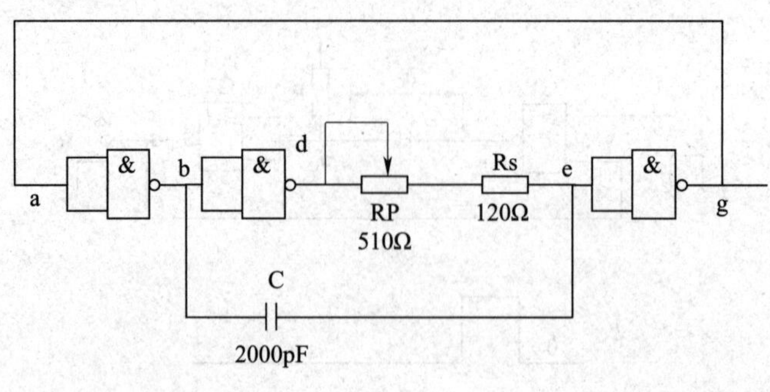

图 5—1—3

4. 石英晶体多谐振荡器通常是由哪些部件组成的？它最突出的优点是什么？

§5—2 555 定时器

一、填空题

1. 常用的 555 集成定时器分为________定时器和________定时器两种类型，两者的工作原理基本相同。CMOS 定时器 CC7555 由__________、两个_________________、__________________、____________________以及输出缓冲门组成。

2. 由 555 定时器组成的多谐振荡器，其振荡周期为____________________。

3. 施密特触发器是一种具有__________的双稳态电路，其特点是电路具有______稳态，且________稳态依靠____________来维持。

二、选择题

1．改变施密特触发器的回差电压而输出电压不变，则触发器输出电压的（　　）发生变化。

A．幅度　　B．脉冲宽度　　C．频率

2．施密特触发器一般不适用于（　　）电路。

A．延时　　B．波形变换

C．波形整形　　D．幅度鉴定

3．施密特触发器的特点是（　　）。

A．没有稳态　　B．有两个稳态

C．有两个暂稳态　　D．有一个稳态和一个暂稳态

三、判断题

1．施密特触发器是一个双稳态触发器。（　　）

2．施密特触发器是利用其回差特性进行波形变换的。（　　）

3．单稳态触发器、施密特触发器和多谐振荡器的内部都有正反馈，因此电路状态转换十分迅速。（　　）

四、综合题

设施密特触发器的负向阈值电压 $V_T = 0.8$ V，回差电压 $\Delta V = 0.8$ V。试画出在图 5—2—1 所示输入波形下，施密特触发器的输出波形 u_o。

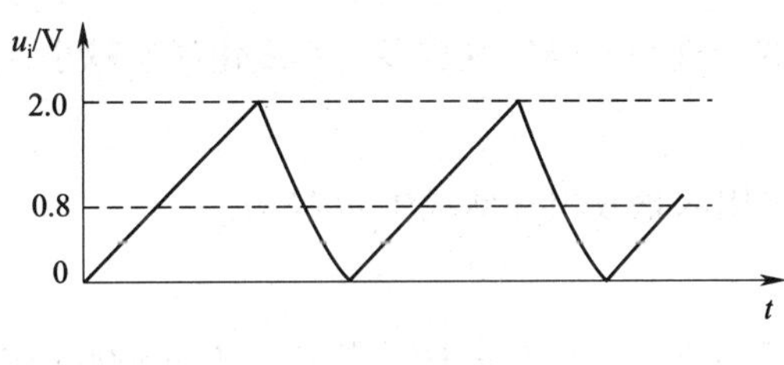

图 5—2—1

第六章　A/D 转换器与 D/A 转换器

§6—1　A/D 转换器　§6—2　D/A 转换器

一、填空题

1. 从模拟信号到数字信号的转换称为_______转换（又称为______转换），完成______转换的电路称为_______转换器（简称 ADC）；从数字信号到模拟信号的转换称为_______转换（又称为______转换），完成_______转换的电路称为______转换器（简称 DAC）。

2. 常用的 A/D 转换器有_________型和__________型等。

3. A/D 转换过程一般需经过___________和___________两大步骤，将模拟量转换成相应的数字量。

二、判断题

1. 与逐次逼近型 A/D 转换器相比，双积分型 A/D 转换器的转换速度较快，但抗干扰能力较弱。（　　）

2. A/D 转换器输出的二进制代码位数越多，其量化误差越小，转换精度也越高。（　　）

3. 数字万用表大多采用的是双积分型 A/D 转换器。（　　）

三、综合题

1. 有一 8 位 T 形电阻网络 DAC，$R_f = 3R$，若 $d_7 \sim d_0$ = 00000001 时，$U_0 = -0.04$ V，那么 00010110 和 11111111 时的 U_0 各是多少？

2．7 位 D/A 转换器的分辨率是多少？

3．图 6—1—1 所示的倒 T 形电阻 DAC，若 $U_{REF}=-10$ V，当输入如下数字信号时，输出电压 U_0是多少？

（1）$D_1=0001$。

（2）$D_2=1010$。

（3）$D_3=1111$。

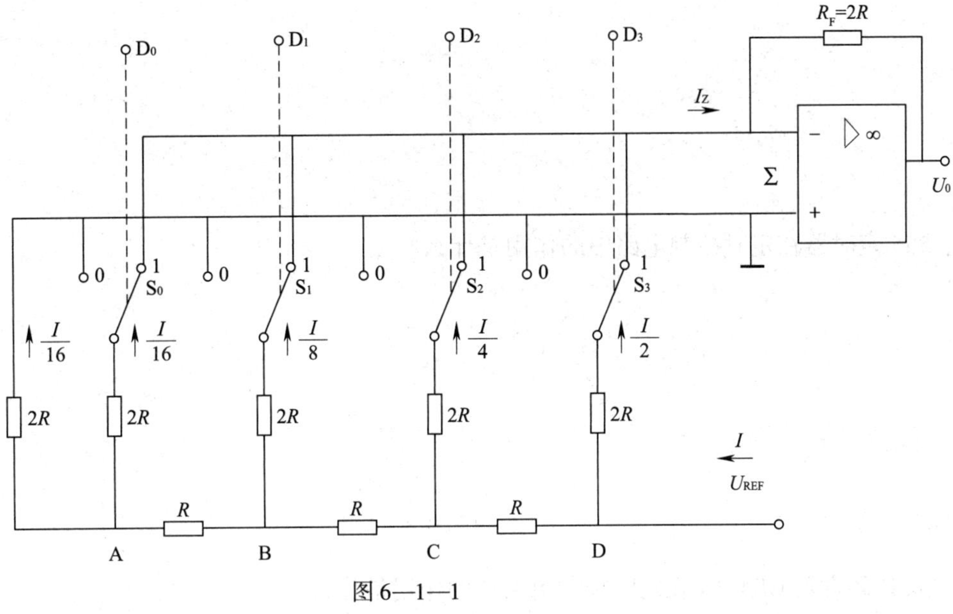

图 6—1—1

第七章　数字集成电路的应用

§7—1　0 ~ 99 s 定时器

一、叙述 0 ~ 99 s 定时器的工作流程，并画出其工作流程图。

二、555 定时器在定时控制电路中的作用是什么？

三、双 D 触发器 CD4013 在定时控制电路中的作用是什么？

四、0～99 s 定时器由哪几部分组成？简述其工作原理。

§7—2 数 字 钟

一、叙述数字钟电路的工作流程，并画出其工作流程图。

二、555 定时器在数字钟电路中的作用是什么？

三、石英晶体振荡器在数字钟电路中的作用是什么？

四、当对数字钟电路通电调试时，发现时钟个位不可校调，试分析其故障原因，并写出排查故障的思路。